KUANGJIA JIEGOU TUZHI

框架结构图纸

阎俊爱　张素姣　主编　　张向荣　主审

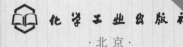
化学工业出版社
·北京·

《框架结构图纸》是一套框架结构培训楼,地上三层,基础为梁板式筏板基础,配合《建筑工程框架结构软件算量教程》《建筑工程框架结构手工算量教程》使用,通过这个工程的算量,读者可以更多地了解框架结构手工和软件算量最基本的知识点。

　　《框架结构图纸》既可以作为高等院校工程管理、造价管理、房地产经营管理、审计、公共事业管理、资产评估等专业的教材,同时也可以作为建设单位、施工单位、设计及监理单位工程造价人员的参考资料。

图书在版编目(CIP)数据

框架结构图纸/阎俊爱,张素姣主编著. —北京:
化学工业出版社,2015.9(2020.9 重印)
ISBN 978-7-122-24710-0

Ⅰ. ①框… Ⅱ. ①阎…②张… Ⅲ. ①框架结构-图
集 Ⅳ. ①TU323.5-64

中国版本图书馆 CIP 数据核字(2015)第 167991 号

责任编辑:吕佳丽	装帧设计:张　辉
责任校对:宋　玮	

出版发行:化学工业出版社(北京市东城区青年湖南街 13 号　邮政编码 100011)
印　　装:大厂聚鑫印刷有限责任公司
880mm×1230mm　1/8　印张 3　字数 76 千字　　2020 年 9 月北京第 1 版第 4 次印刷

购书咨询:010-64518888　　　　　售后服务:010-64518899
网　　址:http://www.cip.com.cn
凡购买本书,如有缺损质量问题,本社销售中心负责调换。

定　　价:15.00 元

前　言

　　国家标准《建设工程工程量清单计价规范》（GB 50500—2013）和九个专业的工程量计算规范的全面强制推行，引起了全国建设工程领域内的政府建设行政主管部门、建设单位、施工单位及工程造价咨询机构的强烈关注。新规范把计量和计价两部分进行分段，思路更加清晰、顺畅，对工程量清单的编制、招标控制价、投标报价、合同价款约定、合同价款调整、工程计量及合同价款的期中支付都进行了明确详细的规定。这体现了全过程管理的思想，同时也体现出新版清单计价规范由过去注重结算向注重前期管理的方向转变，更重视过程管理，更便于工程实践中实际问题的解决。

　　基于上述背景，为了及时将国家标准规定的最新《建设工程工程量清单计价规范》（GB 50500—2013）和《房屋建筑与装饰工程工程量计算规范》（GB 50854—2013）融入到教程中，我们已经出版了《算量就这么简单——清单定额答疑解惑》《算量就这么简单——剪力墙实例图纸》《算量就这么简单——剪力墙实例手工算量（答案版）》《算量就这么简单——剪力墙实例手工算量（练习版）》《算量就这么简单——剪力墙实例软件算量》，得到了广大读者的好评，并收到了很多宝贵的建议。

　　为了满足读者的需要，我们将在本套书中详细介绍框架结构的软件算量和手工算量。本套书包括**《建筑工程框架结构软件算量教程》《建筑工程框架结构手工算量教程》《框架结构图纸》**。本套书的软件算量有操作指南和标准答案，读者可以通过软件操作提高软件应用能力，还可以将手工算量结果与软件算量结果作对比，发现二者的不一致，分析原因，解决问题。

　　本书是一套为造价初学者设计的框架结构培训楼，地上三层，基础为梁板式筏板基础，配合《建筑工程框架结构软件算量教程》《建筑工程框架结构手工算量教程》使用，通过这个工程的算量，读者可以更多地了解框架结构手工和软件算量最基本的知识点。本书既可以作为高等院校工程管理、造价管理、房地产经营管理、审计、公共事业管理、资产评估等专业的教材，同时也可以作为建设单位、施工单位、设计及监理单位工程造价人员的参考资料。

　　本书由阎俊爱、张素姣主编，张向荣主审。在编写过程中，张向军、李伟、李罡、孟晓波、毛洪宾、骈永富、姚辉、丁珂做了大量的工作，在此表示深深的感谢。由于编者水平有限，难免有不当之处，敬请有关专家和读者提出宝贵意见，以不断充实、提高、完善。电子版图纸可以加QQ37171255索要。

有问题扫描二维码，专家解答

编者

2015年7月

目　录

建 筑 总 说 明

建筑设计总说明

一、工程概况

1. 项目名称：快算公司培训楼。

2. 建筑性质：框架结构，地上三层，基础为梁板式筏板基础。

3. 本工程为造价初学者设计的培训楼，通过这个工程更多地了解框架结构手工和软件最基本的知识点。

二、节能设计

1. 本建筑物体形系数＜0.3。

2. 本建筑物外墙砌体结构为370mm厚页岩砖砌体，外墙外侧均做35mm厚聚苯颗粒作为外墙外保温做法，传热系数＜0.6W/（m²·K）。

3. 本建筑物外塑钢门窗均为单层框中空玻璃，传热系数为3.0W/（m²·K）。

三、防水设计

1. 本建筑物层面工程防水等级为二级，平屋面采用3mm厚高聚物改性物外加防水卷材防水层，屋面雨水采用φ100PVC管排水。

2. 楼地面防水：在凡需要楼地面防水的房间，均做水沉性涂膜防水三道，共2mm厚，防水层卷起300mm高，房间在做完闭水试验后进行下道工序施工，凡管道穿楼板处预埋防水套管。

四、墙体设计

1. 外墙：均为370mm厚页岩砖砌体及35mm厚聚苯颗粒保温复合墙体。

2. 内墙：均为240mm厚页岩砖砌体。

3. 墙体砂浆：页岩砖砌体±0.00以下使用M5.0水泥砂浆砌筑，±0.00以上使用M7.5水泥砂浆砌筑。

五、其他

1. 防腐除锈：所有预埋铁件，在预埋前均应做除锈处理；所有预埋木砖在预埋前，均应先用涛青油做防腐处理。

2. 所用门窗除特别注明外，门窗的立框位置居墙中线。

3. 凡室内有地漏的房间，除特别注明外，其地面应自门中或墙边向地漏方向做0.5%的坡。

房间名称见表1，门窗数量及规格统计表见表2。

表1 房间名称

层	房间名称	地面	踢脚/墙裙	墙面	天棚	备注
一层	接待室	地1	裙A	内墙A	棚B	
	办公室、财务处	地1	踢A	内墙A	棚B	
	卫生间	地2		内墙B	棚A	1.所有踢脚高度均为100mm高
	楼梯间	地1	踢A	内墙A	棚B	
二层	休息室、工作室	楼1	踢A	内墙A	棚B	2.接待厅墙裙高度为1200mm高
	卫生间	楼2		内墙B	棚A	
	楼梯间	楼3	踢A	内墙B	棚B	3.所有窗户均有窗台板（楼梯间窗户除外），窗台板材质为大理石，尺寸为：洞口宽×200mm
	阳台	详墙身1—1剖面				
三层	休息室、审计室	楼1	踢A	内墙A	棚B	
	卫生间	楼2		内墙B	棚A	
	楼梯间	楼3	踢A	内墙A	棚B	
	阳台	详墙身1—1剖面				
	台阶	水泥砂浆台阶				
	散水	泥凝土散水				

表2 门窗数量及规格统计表

编号	规格（洞口尺寸）/mm 宽度	规格（洞口尺寸）/mm 高度	离地高度/mm	名称	数量 一层	数量 二层	数量 三层	合计
M—1	3900	2700		铝合金90系列双扇推拉门	1			1
M—2	900	2400		木质门	2	2	2	6
M—3	750	2100		木质门	1	1	1	3
C—1	1500	1800	900	双扇塑钢推拉窗	4	4	4	12
C—2	1800	1800	900	三扇塑钢推拉窗	1	1	1	3
MC—1	见详图			塑钢门联窗		1	1	2

工程做法明细

一、地1 铺瓷砖地面

1. 5mm厚铺800mm×800mm×10mm瓷砖，白水泥擦缝。
2. 20mm厚1:4干硬性水泥砂浆黏结层。
3. 素水泥结合层一道。
4. 20mm厚1:3水泥砂浆找平。
5. 50mm厚C15混凝土垫层。
6. 150mm厚3:7灰土垫层。
7. 素土夯实。

二、地2 铺地砖防水地面

1. 5mm厚铺300mm×300mm×10mm瓷砖，白水泥擦缝。
2. 20mm厚1:4干硬性水泥砂浆黏结层。
3. 1.5mm厚聚合物水泥基防水涂料。
4. 35mm厚C15细石混凝土，从门口口向地漏处拔坡。
5. 50mm厚C15混凝土垫层。
6. 150mm厚3:7灰土垫层。
7. 素土夯实。

三、楼1 铺瓷砖地面

1. 5mm厚铺800mm×800mm×10mm瓷砖，白水泥擦缝。
2. 20mm厚1:4干硬性水泥砂浆黏结层。
3. 素水泥结合层一道。
4. 35mm厚C15细石混凝土找平层。
5. 素水泥结合层一道。
6. 钢筋混凝土楼板。

四、楼2 铺地砖防水地面

1. 5mm厚铺300mm×300mm×10mm瓷砖，白水泥擦缝。
2. 20mm厚1:4干硬性水泥砂浆黏结层。
3. 1.5mm厚聚合物水泥基防水涂料。
4. 35mm厚C15细石混凝土，从门口口向地漏处拔坡。
5. 素水泥结合层一道。
6. 钢筋混凝土楼板。

五、楼3 瓷质防滑地砖

1. 铺300mm×300mm瓷质防滑地砖，白水泥擦缝。
2. 20mm厚1:4干硬性水泥砂浆黏结层。
3. 素水泥结合层一道。
4. 钢筋混凝土楼梯。

六、踢A 水泥砂浆踢脚

1. 8mm厚1:2.5水泥砂浆罩面压实赶光。
2. 8mm厚1:3水泥砂浆打底扫毛或划出纹道。

七、裙A 胶合板墙裙

1. 饰面油漆刮腻子、磨砂纸、刷底漆两遍，刷聚酯清漆两遍。
2. 粘柚木饰面板。
3. 12mm木质基层板。
4. 木龙骨（断面30mm×40mm，间距300mm×300mm）。

八、内墙A 涂料墙面

1. 抹灰面刮两遍仿瓷涂料。
2. 5mm厚1:2.5水泥砂浆找平。
3. 9mm厚1:3水泥砂浆打底扫毛或划出纹道。

九、内墙B 薄型面砖墙面（防水）

1. 粘贴5~6mm厚面砖。
2. 1.5mm厚聚合物水泥基防水涂料。
3. 9mm厚1:3水泥砂浆打底扫毛或划出纹道。

十、棚A 铝合金条板吊顶（吊顶高度3000mm）

1. 现浇板混凝土预留圆10mm吊环，间距≤1500mm。
2. U型轻钢龙骨，中距≤1500mm。
3. 1.0mm厚铝合金条板，离缝安装带插缝板。

十一、棚B 石灰砂浆抹灰天棚

1. 抹灰面刮三遍仿瓷涂料。
2. 2mm厚1:2.5纸筋灰罩面。
3. 10mm厚1:1:4混合砂浆打底。
4. 刷素水泥浆一遍（内掺建筑胶）。

十二、外墙1 贴陶质釉面砖

1. 1:1水泥（或水泥掺色）砂浆（细砂）勾缝。
2. 贴194mm×94mm陶质外墙釉面砖。
3. 6mm厚1:2水泥砂浆。
4. 12mm厚1:3水泥砂浆打底扫毛或划出纹道。
5. 刷素水泥浆一遍（内掺建筑胶）。

十三、外墙2 涂料墙面（含阳台、雨篷、挑檐板底装修）

1. 喷HJ80-1型无机建筑涂料。
2. 6mm厚1:2.5水泥砂浆找平。
3. 12mm厚1:3水泥砂浆打底扫毛或划出纹道。
4. 刷素水泥浆一遍（内掺建筑胶）。

十四、外墙3 水泥砂浆墙面

1. 6mm厚1:2.5水泥砂浆罩面。
2. 12mm厚1:3水泥砂浆打底扫毛或划出纹道。
3. 刷素水泥浆一遍（内掺建筑胶）。

十五、台阶 水泥砂浆台阶

1. 20mm1:2.5水泥砂面层。
2. 100mmC15碎石混凝土台阶。
3. 300mm厚3:7灰土垫层。

十六、散水

1. 1:1水泥砂浆面层一次抹光。
2. 80mmC15碎石混凝土散水，沥青砂浆嵌缝。
3. 素土夯实。

工程名称	快算公司培训楼		
图名	建筑总说明		
图号	建总1	设计	张向荣

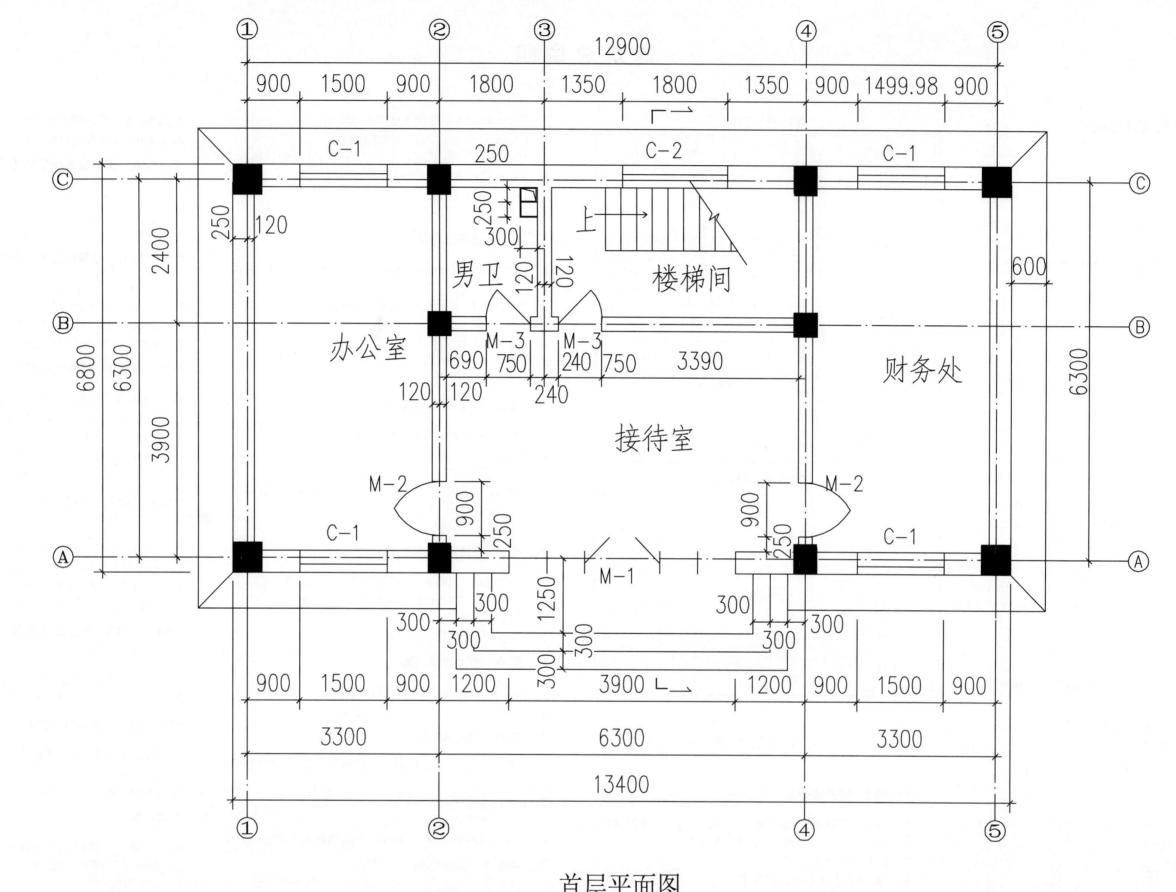

首层平面图

工程名称	快算公司培训楼		
图名	首层平面图		
图号	建施1	设计	张向荣

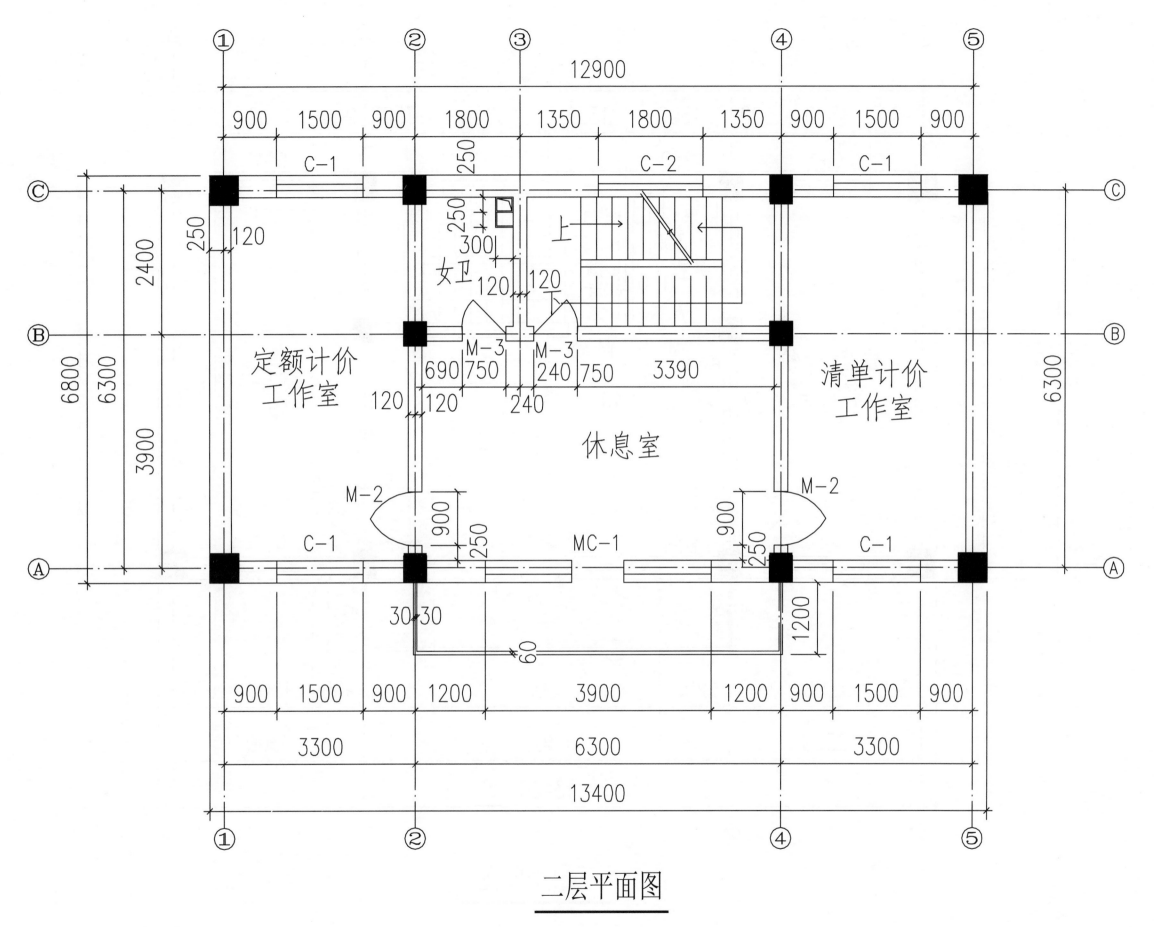

二层平面图

工程名称	快算公司培训楼		
图名	二层平面图		
图号	建施2	设计	张向荣

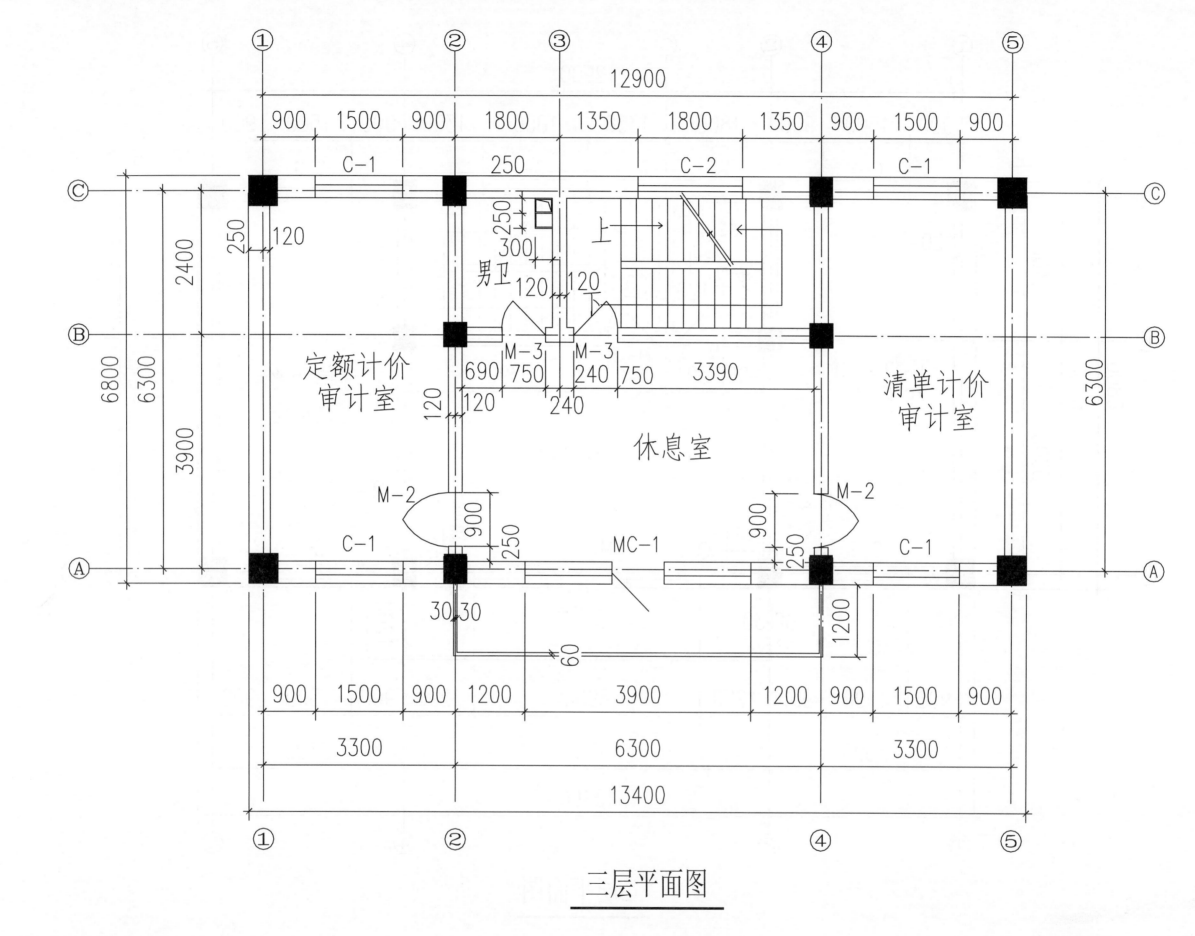

三层平面图

工程名称	快算公司培训楼		
图名	三层平面图		
图号	建施3	设计	张向荣

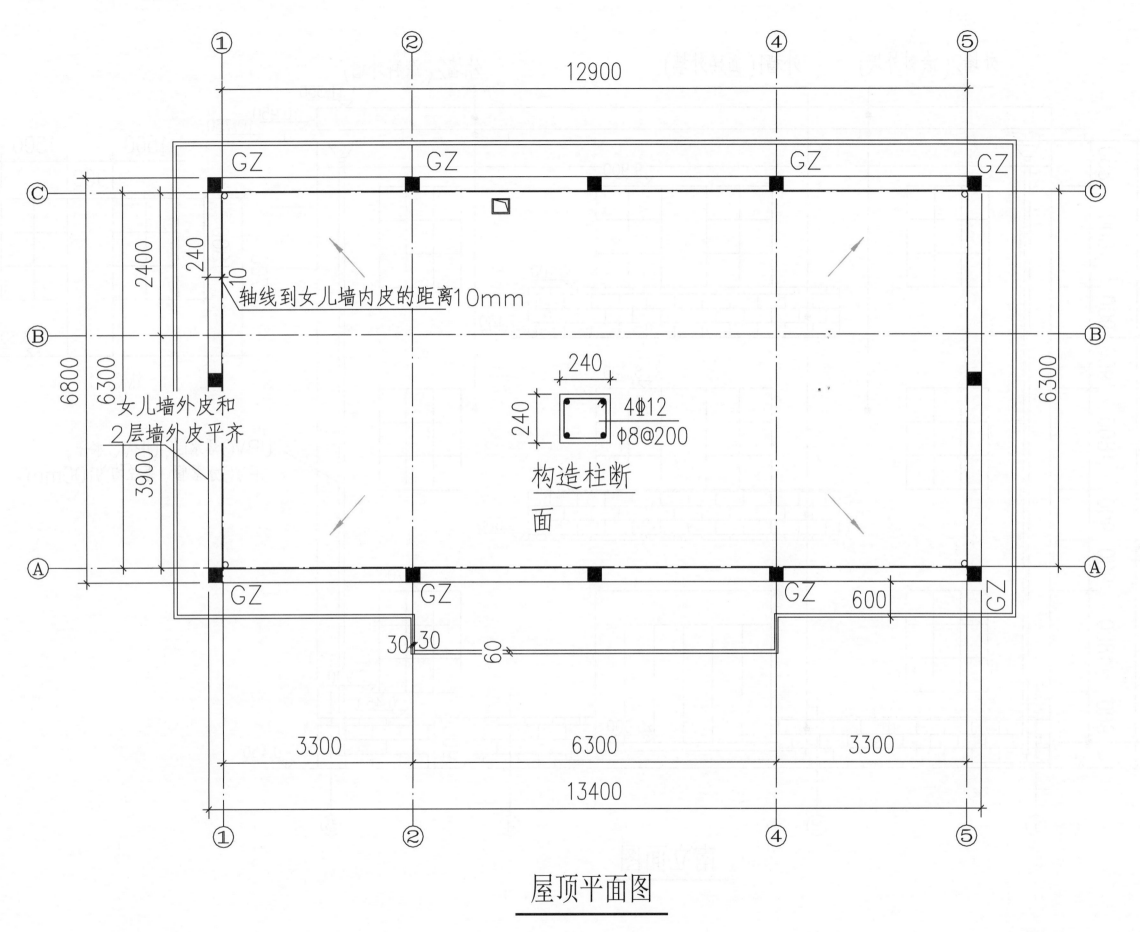

轴线到女儿墙内皮的距离10mm

女儿墙外皮和
2层墙外皮平齐

4Φ12
Φ8@200

构造柱断
面

屋顶平面图

工程名称	快算公司培训楼		
图名	屋顶平面图		
图号	建施4	设计	张向荣

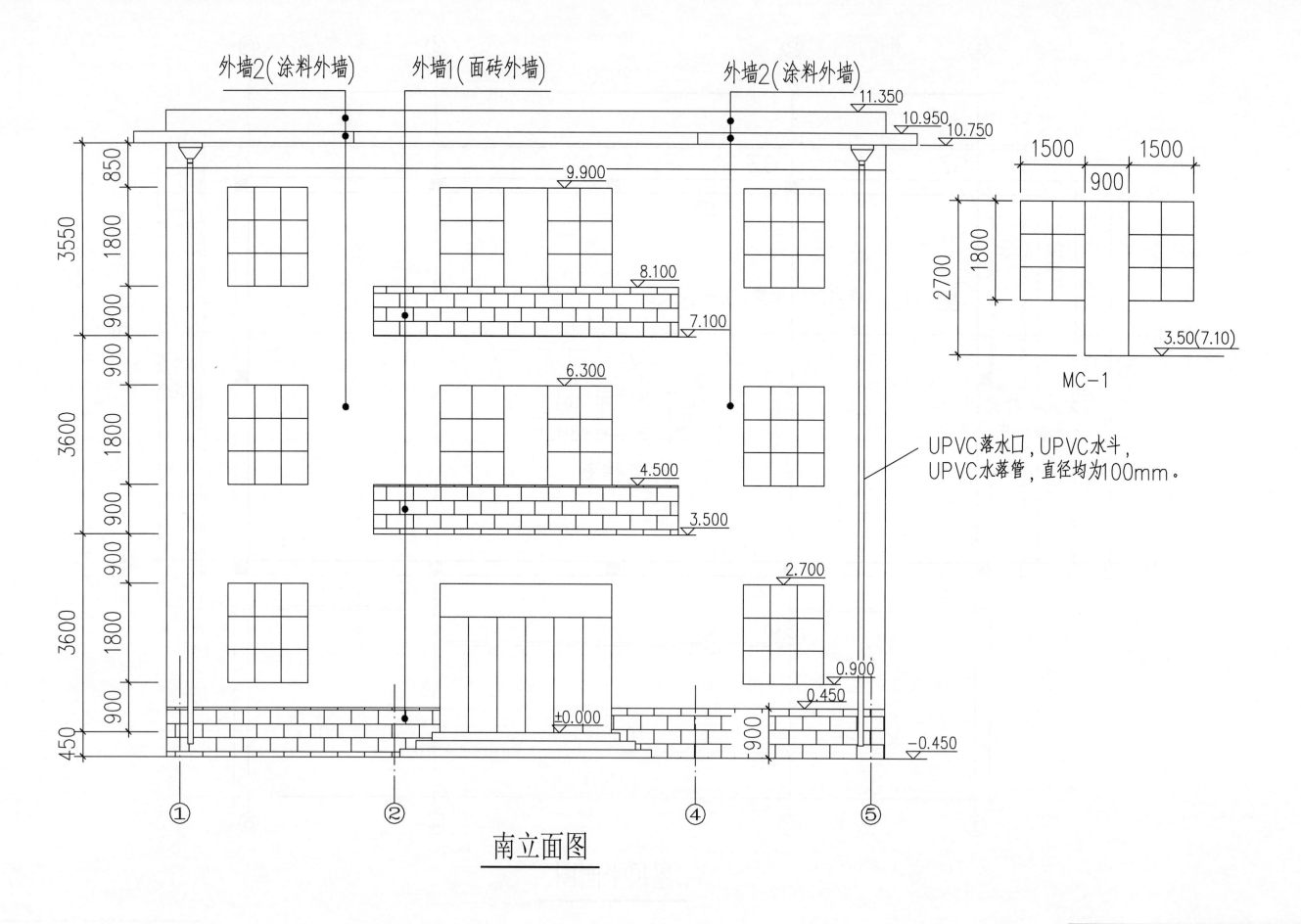

外墙2(涂料外墙)　　外墙1(面砖外墙)　　　　外墙2(涂料外墙)

11.350
10.950
10.750

9.900

8.100
7.100

6.300

4.500
3.500

2.700

±0.000
0.900
0.450
−0.450

850
3550
1800
900
900
3600
1800
900
900
3600
1800
900
450

900

1500　1500
900

2700
1800

3.50(7.10)

MC−1

UPVC落水口,UPVC水斗,
UPVC水落管,直径均为100mm。

① ② ③ ④ ⑤

南立面图

工程名称	快算公司培训楼		
图名	南立面图		
图号	建施 5	设计	张向荣

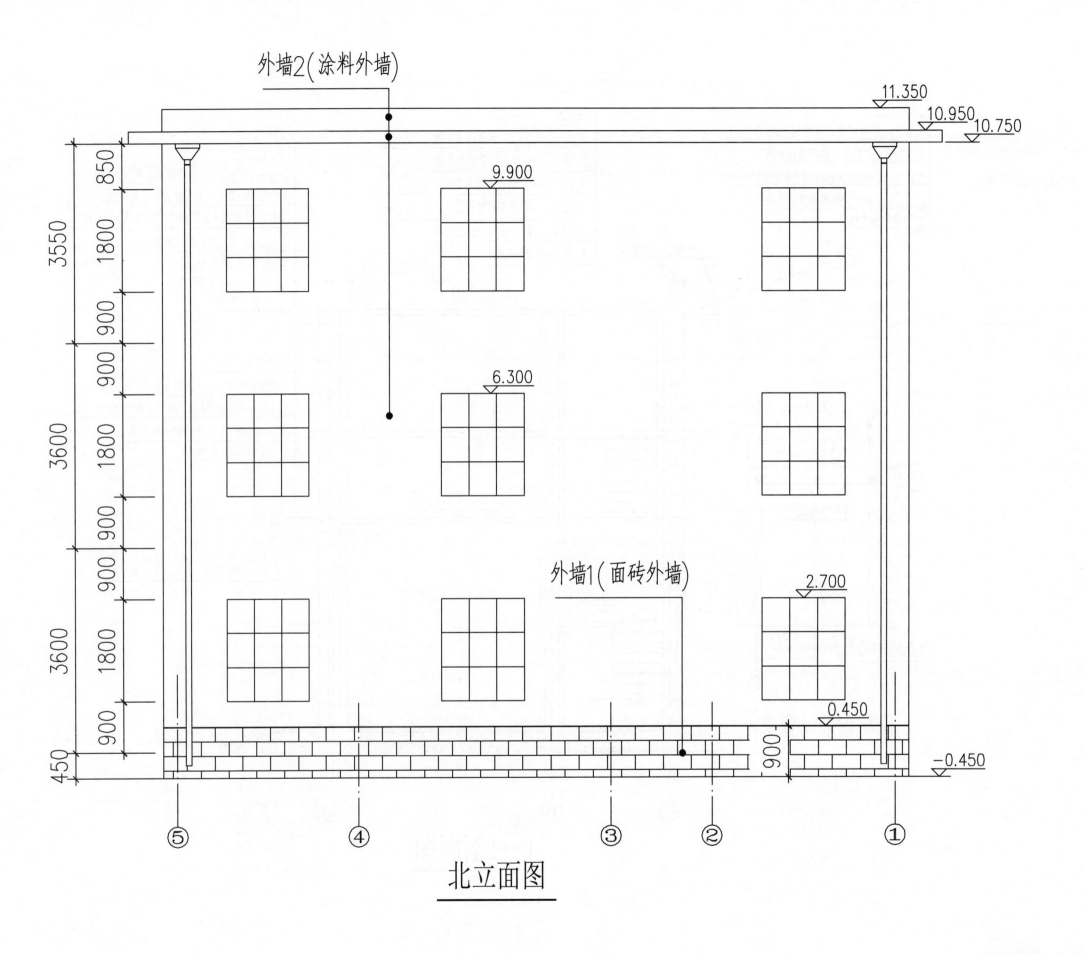

外墙2(涂料外墙)

11.350
10.950
10.750

9.900

外墙1(面砖外墙)

6.300

2.700

0.450

−0.450

850
3550 1800
900
900
3600 1800
900
900
3600 1800
900
450 900

⑤ ④ ③ ② ①

北立面图

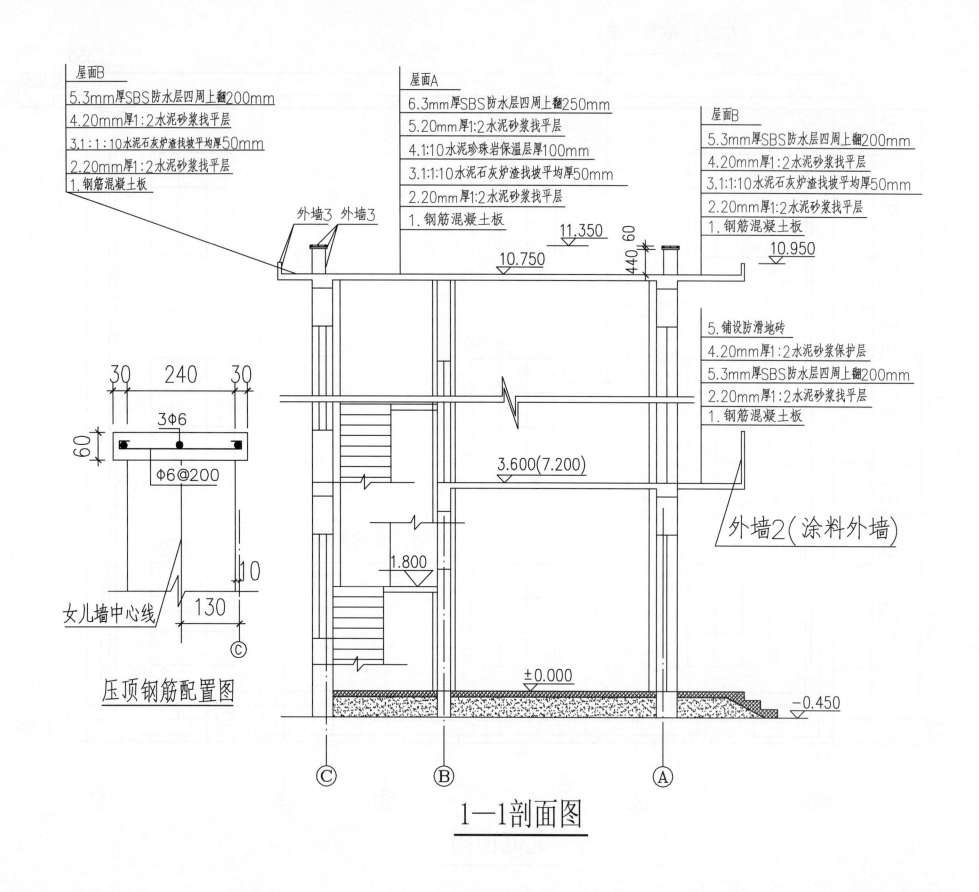

屋面B
5.3mm厚SBS防水层四周上翻200mm
4.20mm厚1:2水泥砂浆找平层
3.1:1:10水泥石灰炉渣找坡平均厚50mm
2.20mm厚1:2水泥砂浆找平层
1.钢筋混凝土板

屋面A
6.3mm厚SBS防水层四周上翻250mm
5.20mm厚1:2水泥砂浆找平层
4.1:10水泥珍珠岩保温层厚100mm
3.1:1:10水泥石灰炉渣找坡平均厚50mm
2.20mm厚1:2水泥砂浆找平层
1.钢筋混凝土板

屋面B
5.3mm厚SBS防水层四周上翻200mm
4.20mm厚1:2水泥砂浆找平层
3.1:1:10水泥石灰炉渣找坡平均厚50mm
2.20mm厚1:2水泥砂浆找平层
1.钢筋混凝土板

外墙3 外墙3

11.350
10.750
440 60
10.950

5.铺设防滑地砖
4.20mm厚1:2水泥砂浆保护层
5.3mm厚SBS防水层四周上翻200mm
2.20mm厚1:2水泥砂浆找平层
1.钢筋混凝土板

外墙2(涂料外墙)

3.600(7.200)

1.800

±0.000
−0.450

30 240 30
3Φ6
60
Φ6@200
女儿墙中心线
10
130
Ⓒ

压顶钢筋配置图

Ⓒ   Ⓑ   Ⓐ

1—1剖面图

工程名称	快算公司培训楼		
图名	1—1剖面图		
图号	建施7	设计	张向荣

-8-

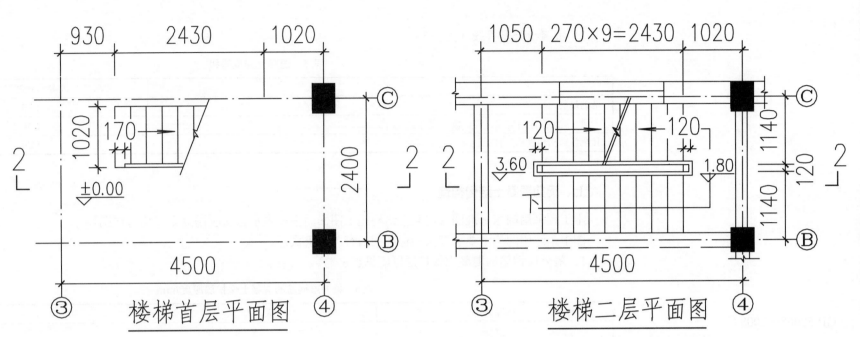

楼梯首层平面图

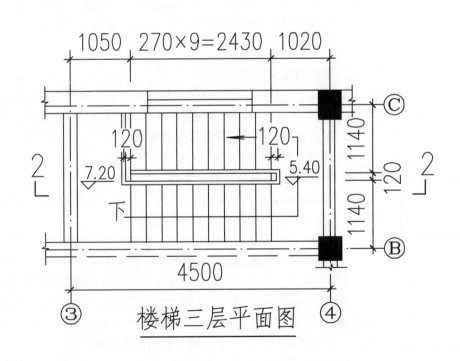

楼梯二层平面图

楼梯三层平面图

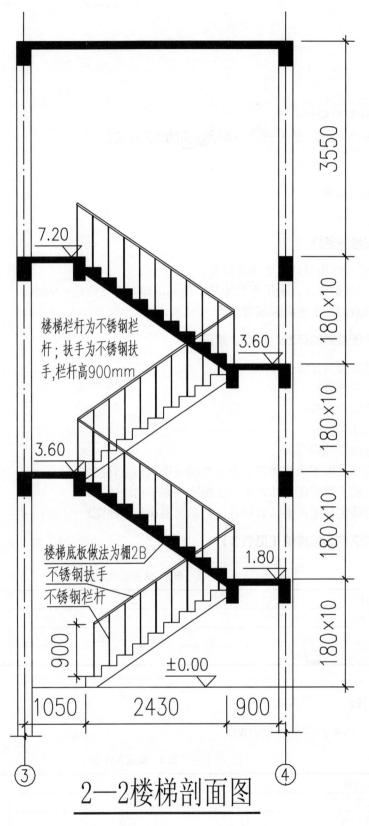

楼梯栏杆为不锈钢栏杆;扶手为不锈钢扶手,栏杆高900mm

楼梯底板做法为棚2B
不锈钢扶手
不锈钢栏杆

2—2楼梯剖面图

工程名称	快算公司培训楼		
图名	楼梯平面图、剖面图		
图号	建施8	设计	张向荣

结构设计总说明（一）

一、工程概况

1. 项目名称：快算公司培训楼。
2. 建筑性质：框架结构，地上三层，基础为梁板式筏板基础。

二、自然条件

1. 抗震设防烈度：8度。
2. 抗震等级：二级。

三、场地的工程地质条件

1. 本工程专为教学使用设计，无地勘报告。
2. 基础按筏板基础梁设计，采用天然地基，地基承载力特征值$f_{ax}=160\text{kPa}$。
3. 本工程±0.000相当于绝对标高暂定为×.×××。

四、本工程设计所遵循的标准、规范、规程

1. 《建筑结构可靠度设计统一标准》　　　　　（GB 50068—2008）
2. 《建筑结构荷载规范》　　　　　　　　　　（GB 50009—2012）
3. 《混凝土结构设计规范》　　　　　　　　　（GB 50010—2010）
4. 《建筑抗震设计规范》　　　　　　　　　　（GB 50011—2010）
5. 《建筑地基基础设计规范》　　　　　　　　（GB 50007—2011）
6. 《混凝土结构施工图平面整体表示方法制图规则和构造详图》（11G101—1）
7. 《混凝土结构施工图平面整体表示方法制图规则和构造详图》（11G101—2）
8. 《混凝土结构施工图平面整体表示方法制图规则和构造详图》（11G101—3）

五、设计采用的活荷载标准值（见表3）

表3　活荷载标准值

名称	部位	活荷载标准值/（kN/m²）
屋面	不上人屋面	0.5
楼面	首层地面堆载	3.0
	楼梯	3.5

六、主要结构材料

1. 钢筋及手工焊匹配的焊条（见表4）

表4　钢筋及焊条

钢筋级别	HPB300	HRB400
符号	Φ	Φ
强度设计值/（N/mm²）	270	360
焊条	E43型	E50型

2. 混凝土强度等级（见表5）

表5　混凝土强度等级

部位	混凝土强度等级
基础垫层	C15
一层~屋面主体结构柱、梁、板、楼梯	C30
其余各结构构件构造柱、过梁、圈梁等	C20

七、钢筋混凝土结构构造

本工程采用国家标准图《混凝土结构施工图平面整体表示方法制图规则和构造详图》
图中未注明的构造要求应按照标准图的有关要求执行。

1. 最外层钢筋的混凝土保护层厚度见表6。

表6　最外层钢筋的混凝土保护层厚度/mm

环境类别	板、墙	梁、柱
一	15	20
二a	20	25
二b	25	35

注：1. 表中混凝土保护层厚度指最外层钢筋外边缘至混凝土表面的距离。
　　2. 构件中的受力钢筋的保护层厚度不应小于钢筋的公称直径。
　　3. 基础底面钢筋的保护层厚度，不应小于40mm。

2. 钢筋的接头形式及要求

（1）纵向受力钢筋直径≥16mm的纵筋应采用等强机械连接接头，接头应50%错开；接头性能等级不低于Ⅱ级。

（2）当采用搭接时，搭接长度范围内应配置箍筋，箍筋间距不应大于搭接钢筋较小直径的5倍，且不应大于100mm。

3. 钢筋锚固长度和搭接长度见图集53、55页。纵向钢筋当采用HPB300级时，端部另加弯钩。

4. 钢筋混凝土现浇楼（屋）面板：

除具体施工图中有特别规定者外，现浇钢筋混凝土板的施工应符合以下要求：

（1）板的底部钢筋不得在跨中搭接，其伸入支座的锚固长度≥5d，且应伸过支座中心线，两侧板配筋相同者尽量拉通。当HPB300级钢筋时端部另设弯钩。

（2）板的边支座负筋在梁或墙内的锚固长度应满足受拉钢筋的最小锚固长度L_a，且应延伸到梁或墙的远端。

（3）双向板的底部钢筋，除注明外，短跨钢筋置于下排，长跨钢筋置于上排。

（4）当板底与梁底平时，板的下部钢筋伸入梁内需弯折后置于梁的下部纵向钢筋之上。

（5）板上孔洞应预留，结构平面图中只表示出洞口尺寸＞300mm的孔洞，施工时各工种必须根据各专业图纸配合土建预留全部孔洞，不得后凿。当孔洞尺寸≤300mm时，洞边不再另加钢筋，板内钢筋由洞边绕过，不得截断。当洞口尺寸＞300mm时，应按平面图要求加设洞边附加钢筋或梁。当平面图未交待时，应按下图要求加设洞边板底附加钢筋，两侧加筋面积不小于被截断钢筋面积的一半。加筋的长度为单向板受力方向或双向板的两个方向沿跨度通长，并锚入支座＞5d，且应伸至支座中心线。单向板非受力方向的洞口加筋长度为洞口宽加两侧各40d，且应放置在受力钢筋之上，见图1。

工程名称	快算公司培训楼		
图名	结构设计总说明（一）		
图号	结总1	设计	张向荣

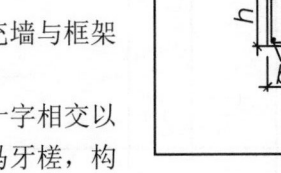

图1

（6）板内分布钢筋（包括楼梯板），除注明者外，分布钢筋直径、间距见表7。

表7 分布钢筋

楼板厚度	＜100	100~120
分布钢筋	Φ6@200	Φ6@150

5．钢筋混凝土楼（屋）面梁

主次梁相交（主梁不仅包括框架梁）时，主梁在次梁范围内仍应配置箍筋，图中未注明时，在次梁两侧各设3组箍筋，箍筋肢数、直径同主梁箍筋，间距50，附加吊筋详见各层梁配筋平面图。

八、填充墙

1．填充墙的平面位置和做法见建筑图。

2．填充墙与混凝土柱、墙间的拉结钢筋，应按施图中填充墙的位置预留，拉结筋沿墙全长布置。填充墙与框架柱，剪力墙或构造柱拉结筋详见《12G614—1》。

3．填充墙构造柱设置位置详见建施图，构造柱设置应满足以下要求：墙端部、拐角、纵横墙交接处、十字相交以及墙长超过4m均加设构造柱，直段墙构造柱间距不大于4m。截面配筋见图2。构造造柱与墙连接处应砌成马牙槎，构

造柱钢筋绑好后，先砌墙后浇构造柱混凝土，上端距梁或板底60mm高用原有混凝土填实，构造柱主筋应锚入上下层楼板或梁内，锚入长度为L_a。其上下端600mm范围内箍筋加密，间距为100。

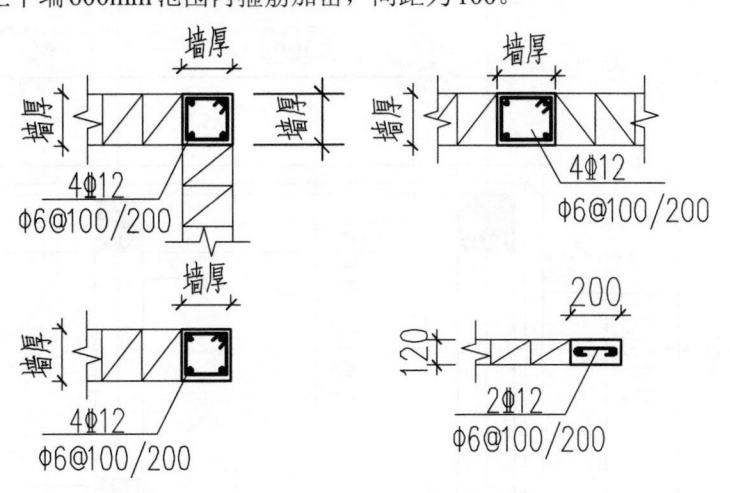

图2 填充墙构造柱配筋图

4．门窗洞顶过梁做法

在各层门窗洞顶标高处，应设置过梁，过梁配筋见下表：

配筋示意	门、窗洞宽B	B≤1200		1200＜B≤24000		2400＜B≤4000	
	梁高h	h=100		h=200		h=300	
	梁宽b=墙厚	b≤200	b＞200	b≤200	b＞200	b≤200	b＞200
	①号筋	2Φ10	3Φ10	2Φ12	3Φ12	2Φ14	3Φ14
	②号筋	2Φ12	3Φ12	2Φ14	3Φ14	2Φ16	3Φ16
	③号筋	2Φ6@100		2Φ6@100		2Φ8@150	

工程名称	快算公司培训楼		
图名	结构设计总说明（二）		
图号	结总2	设计	张向荣

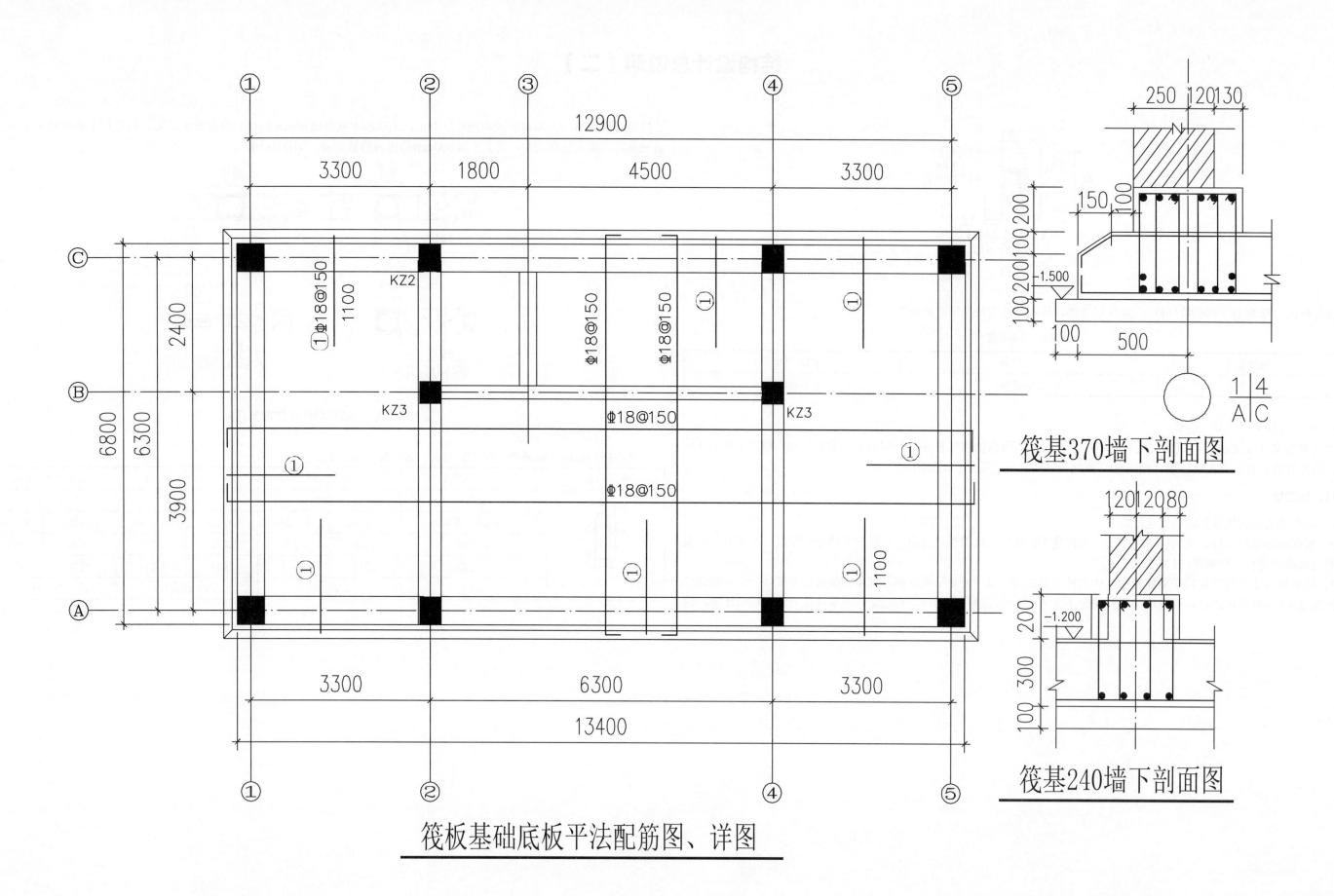

筏板基础底板平法配筋图、详图

筏基370墙下剖面图

筏基240墙下剖面图

工程名称	快算公司培训楼
图名	筏板基础底板平法配筋图、详图
图号	结施1	设计	张向荣

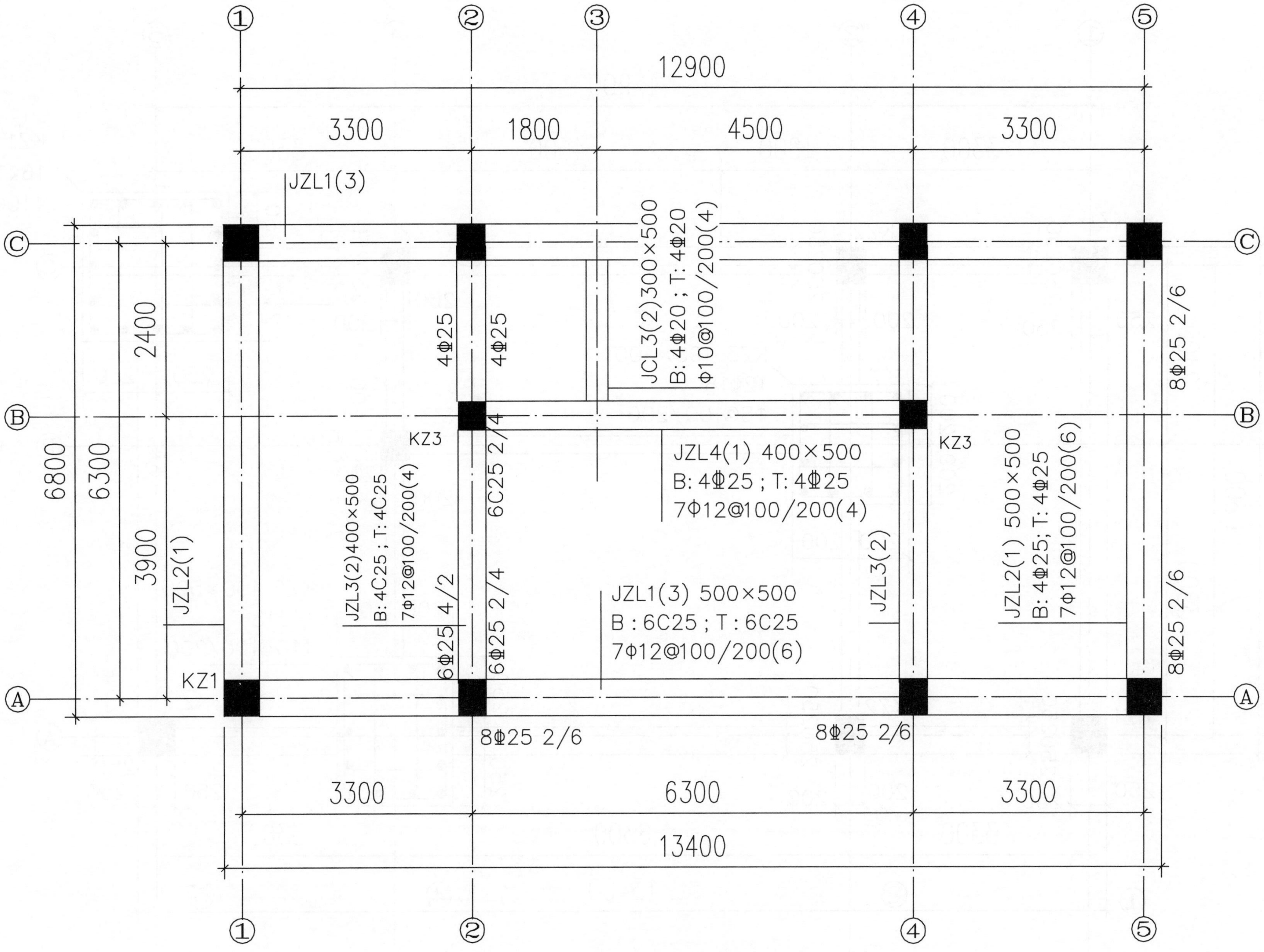

基础梁平法配筋图

图中标注：

- 12900
- 3300　1800　4500　3300
- JZL1(3)
- JCL3(2)300×500　B: 4Φ20 ; T: 4Φ20　Φ10@100/200(4)
- 4Φ25
- 4Φ25
- 2400
- KZ3
- 6800
- 6300
- JZL4(1) 400×500　B: 4Φ25 ; T: 4Φ25　7Φ12@100/200(4)
- KZ3
- JZL2(1) 500×500　B: 4Φ25; T: 4Φ25　7Φ12@100/200(6)
- 8Φ25 2/6
- 3900
- JZL2(1)
- JZL3(2)400×500　B:4C25 ; T:4C25　7Φ12@100/200(4)
- 6C25 2/4
- 6Φ25 4/2
- 6Φ25 2/4
- JZL1(3) 500×500　B : 6C25 ; T : 6C25　7Φ12@100/200(6)
- JZL3(2)
- 8Φ25 2/6
- KZ1
- 8Φ25 2/6　　8Φ25 2/6
- 3300　6300　3300
- 13400

基础梁平法配筋图

工程名称	快算公司培训楼	
图名	基础梁平法配筋图	
图号	结施2	设计	张向荣

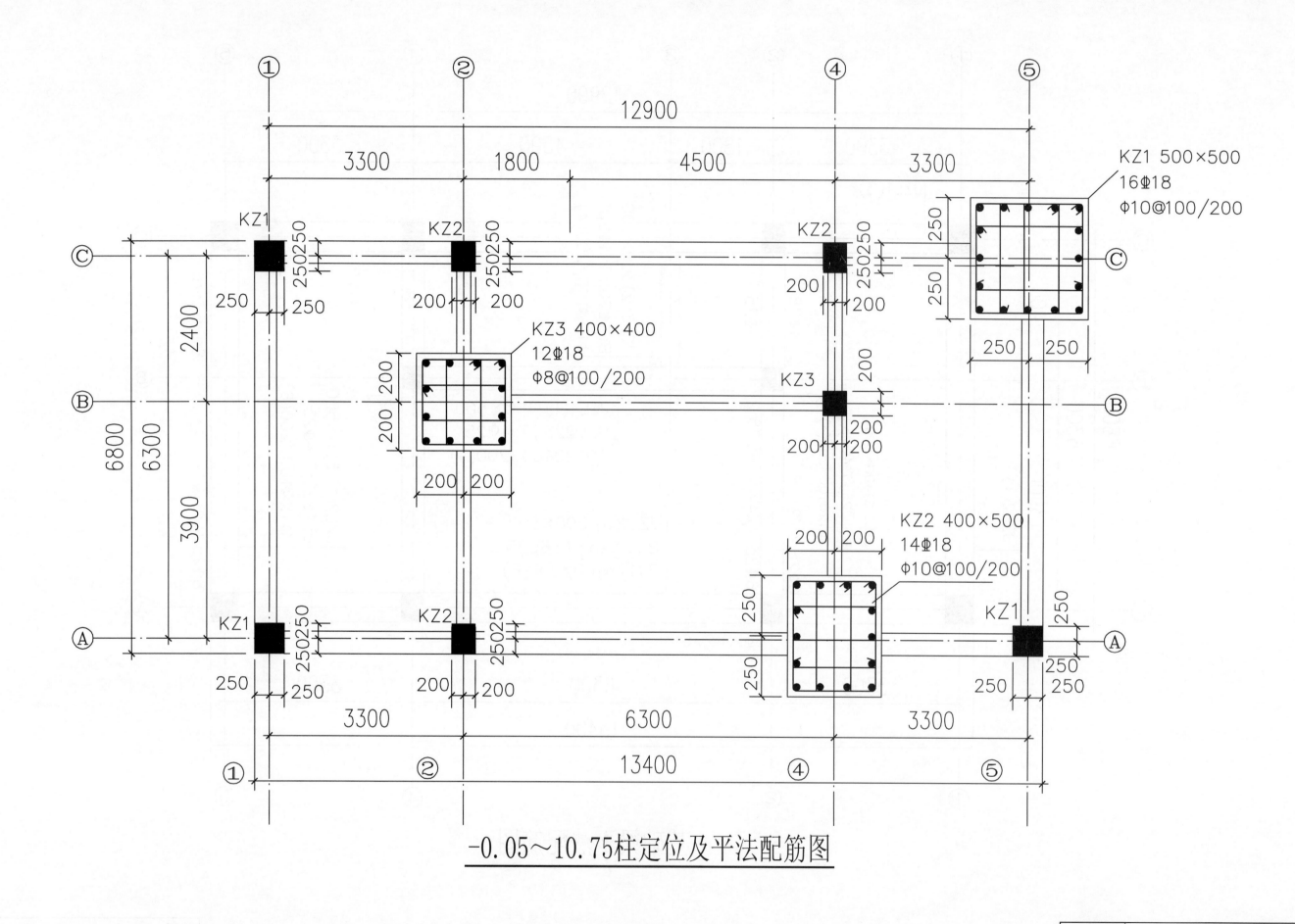

KZ1 500×500
16Φ18
Φ10@100/200

KZ3 400×400
12Φ18
Φ8@100/200

KZ2 400×500
14Φ18
Φ10@100/200

-0.05~10.75柱定位及平法配筋图

工程名称	快算公司培训楼		
图名	-0.05~10.75 柱定位及平法配筋图		
图号	结施 3	设计	张向荣

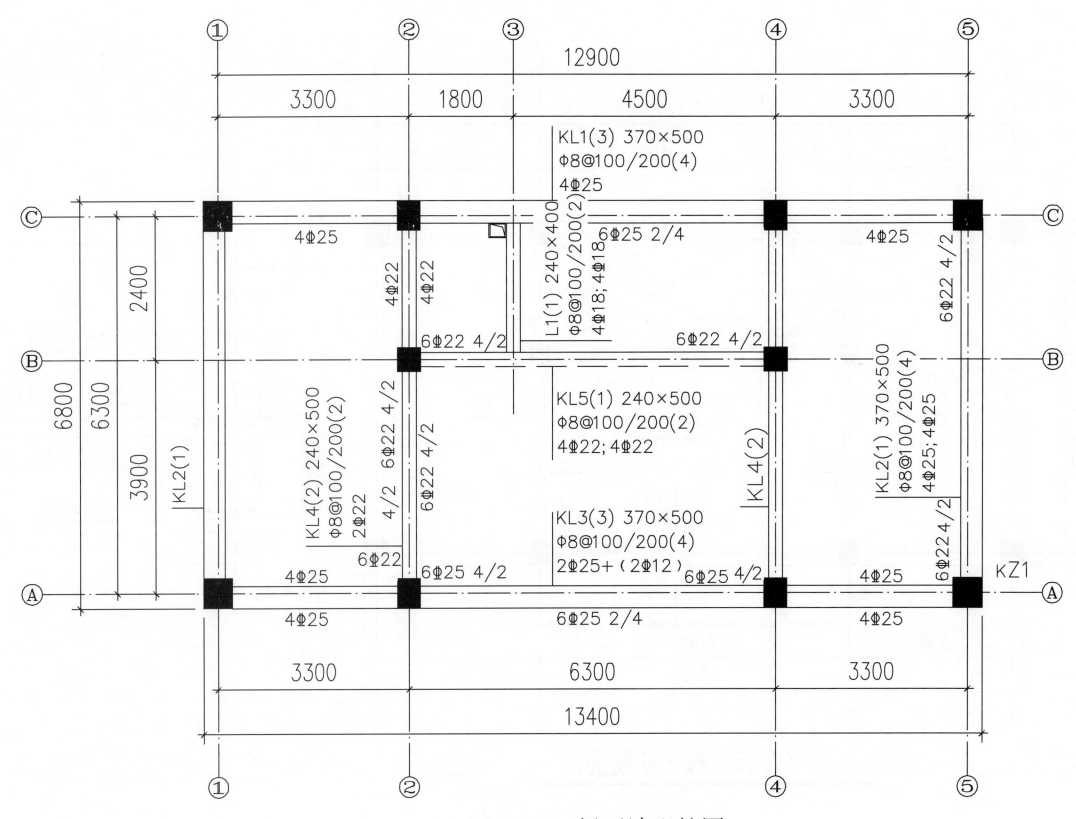

3.55（7.15）梁平法配筋图

工程名称	快算公司培训楼
图名	3.55（7.15）梁平法配筋图
图号	结施4	设计	张向荣

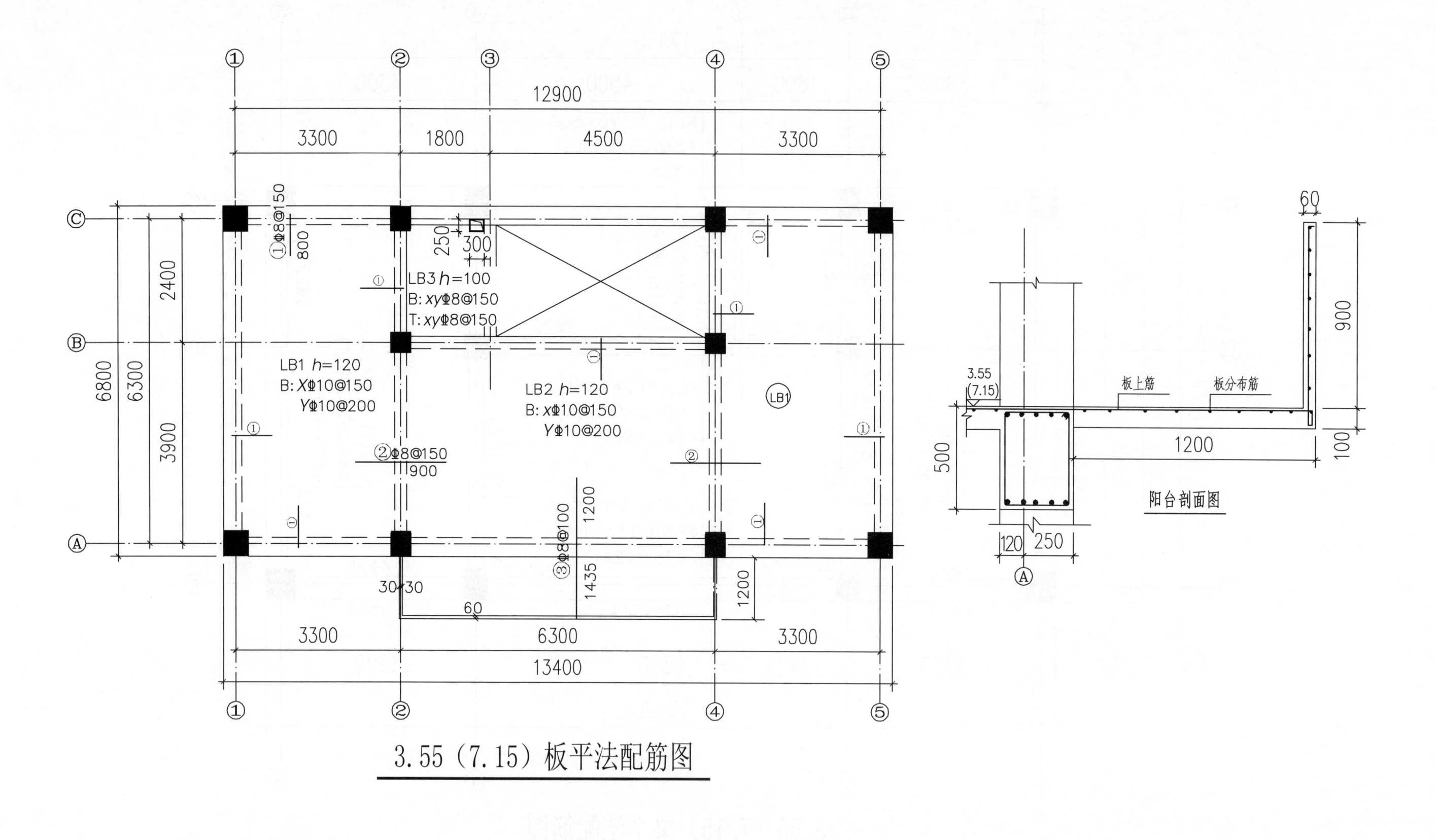

3.55（7.15）板平法配筋图

阳台剖面图

工程名称	快算公司培训楼
图名	3.55（7.15）板平法配筋图
图号	结施 5	设计	张向荣

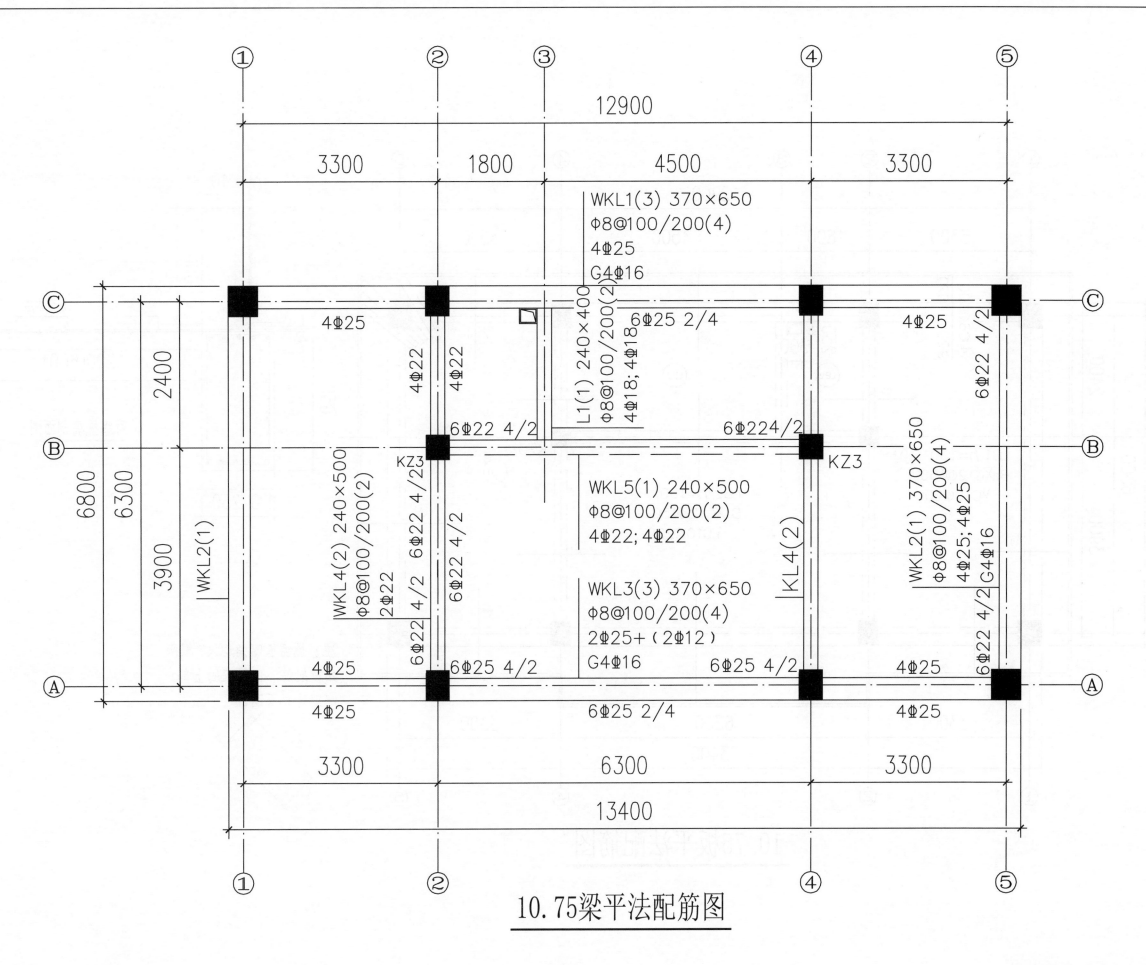

10.75梁平法配筋图

工程名称	快算公司培训楼		
图名	10.75梁平法配筋图		
图号	结施6	设计	张向荣

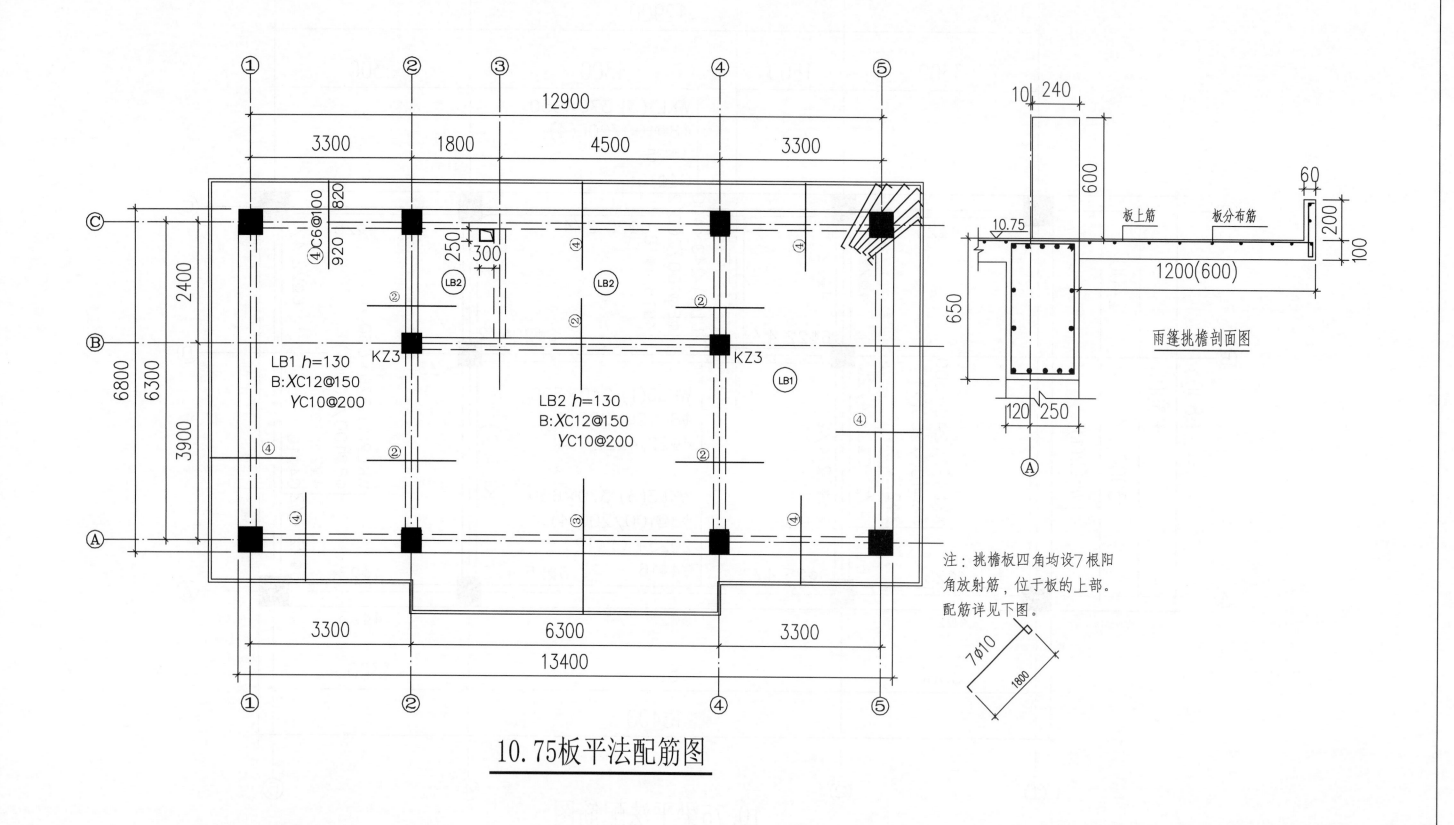

10.75板平法配筋图

注：挑檐板四角均设7根阳角放射筋，位于板的上部。配筋详见下图。

雨篷挑檐剖面图

LB1 h=130
B:XC12@150
YC10@200

LB2 h=130
B:XC12@150
YC10@200

KZ3

工程名称	快算公司培训楼		
图名	10.75 板平法配筋图		
图号	结施 7	设计	张向荣

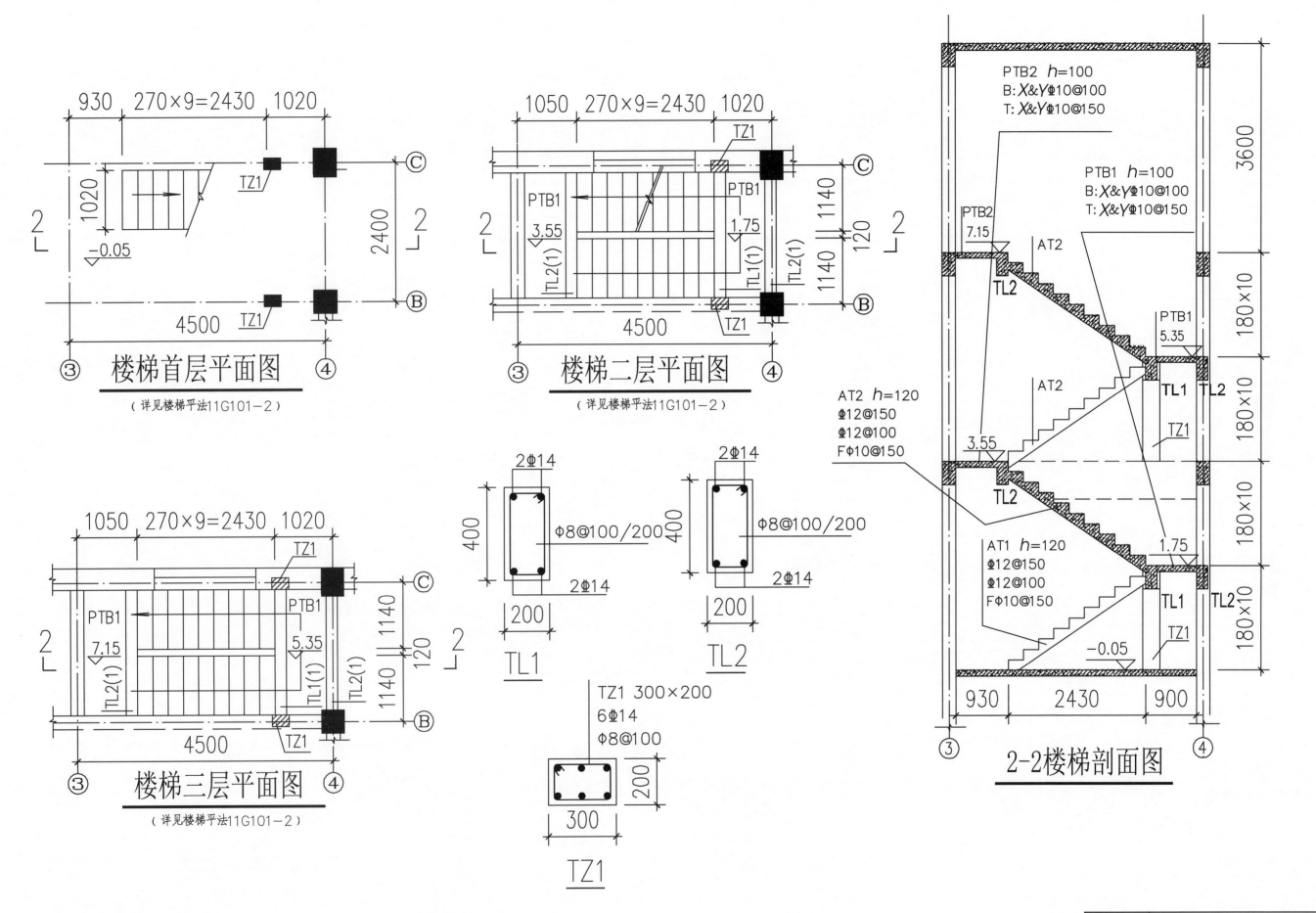

楼梯首层平面图

（详见楼梯平法11G101-2）

楼梯二层平面图

（详见楼梯平法11G101-2）

楼梯三层平面图

（详见楼梯平法11G101-2）

TL1

TL2

TZ1 300×200
6Φ14
Φ8@100

TZ1

2-2楼梯剖面图

工程名称	快算公司培训楼	
图名	楼梯图	
图号	结施8	设计	张向荣